U0378529

家的故事

吃饭睡觉居住的地方

小小城市规划

[日] 铃野浩一 秃真哉 著

一文 译

清华大学出版社
北京

面对习以为常的城市风景，

我们不妨换个思路。

城市的风景由各种各样的元素构成：

物、人、房子，还有树和云朵。

It is not often that we look at a city with much attention,

but let's try changing our point of view a little bit.

A city scene is made up of a variety of items like

things, people, houses, trees and clouds.

只要一点小小的机关，

我们就能以全然不同的视角，

来观察同样的风景。

究竟会发生什么变化呢？

让我们一起去街上看看吧。

City scenes may seem like they are always the same,

but with one trick they can start to look completely different.

Let's go out into the city and see how some tricks can turn it into a
different place.

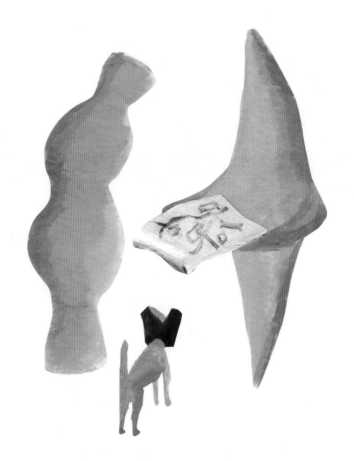

用地图观察城市

这里有张寻宝图。看看是不是哪个街角藏着宝贝？
这么一想，整个城市似乎都变成了一个游乐场。

假如我们拿着一张植物分布图出去走走，
这个时候，整个城市仿佛又变成了植物园。

Seeing a City through a Map

Here we have a treasure map.

Imagine if there is a treasure hidden somewhere in the city —
wouldn't the whole city then look like a playground?

Walk around with a map showing all the plants in the city,
and the same city may now look like a big botanical garden.

A City in the Air

We made a pair of glasses with
mirrors under the eyes.
When you put them on, what you
normally see joins together with
things reflected in the mirrors—
it makes you feel like both you and
the city are floating in the air.
Just by putting on these glasses, you
can see the city in a different way.

空中的城市

做了一副眼镜，

镜片在眼睛的下方。

戴上这副特殊的眼镜，肉眼看到的风景

与镜子上风景的倒影叠合在一起，

自己和周边的物体仿佛都飘浮了起来。

只是戴了一副眼镜，

城市就变得迥然不同。

上下颠倒

在规划建设城市或建筑的时候，
我们要先制作模型。
模型比实物小，是实物的再现。
比如，我们来做一个二层房子的模型。

然后，我们把这个模型上下颠倒，
让一层变成二层，二层变成一层。
在这样的房子里，
我们的生活会发生怎样的改变呢？

The Upside-down Switch

To design a city or a house, we first make a miniature model
of the real thing. Let's take a model of a two-story house and turn it upside-down -
now the first floor becomes the second floor and
the second floor becomes the first floor.
How will it change the way you live?

物件的家

正如人类有家作为栖身的地方，

物件也有容纳它们的"家"。

利用墙面上的一个个凹槽或孔洞，

把物件放置其中，

于是，

物件仿佛成了一个个"家"的主人。

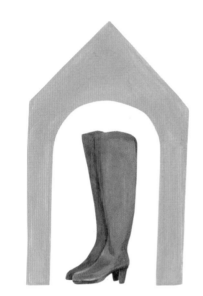

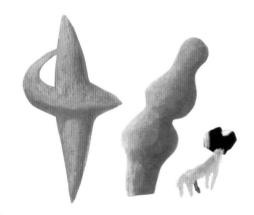

A House for "Things"

Just like there are houses for people, there are houses for things.

Make use of hollows and holes in the walls

and design houses where the things are the main characters.

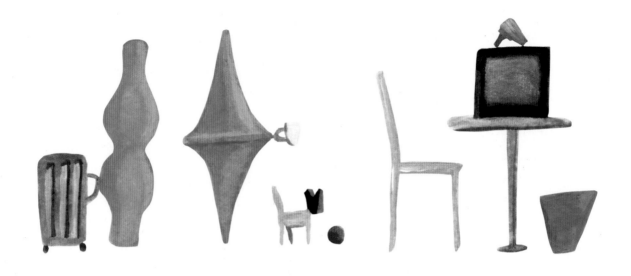

模板墙

在宾馆的房间里，

有一些常备的家具和小物件。

此外，住宾馆的人也会带进来

一些自己的行李。

让我们把这些物件

放进与之匹配的洞洞里。

把衣服放进衣服形状的洞洞里，

椅子放进椅子形状的洞洞里。

A Template Wall

Hotel rooms come with furniture and various
kinds of small objects.
Hotel guests then add their things to the room.
These things have their own homes—
clothes have their clothes-shaped holes,
and chairs have their chair-shaped holes.

在这面开着各种形状的洞洞的墙上，

就像玩拼图一样，

我们把衣服、椅子等物件

全都分门别类地整理好了。

这面模板（开了洞洞的制图尺）一样的墙壁，

就好像一个城市，

上面有许多物件的家。

A wall with special holes for clothes and chairs
puts everything in order like puzzle pieces.
This wall is like a template (a ruler with holes
made for drawing).
It starts to look like a city that has many houses
for things.

鞋子水族馆

鞋子是分前后的。

看上去是不是跟箭头很像？

让我们跟随鞋子箭头，

沿着大街往前走。

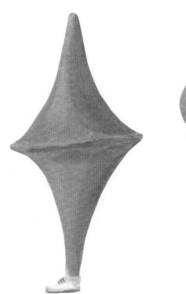

Shoe Aquarium

Shoes have a front and a back.

They look like arrows, don't they?

Let's follow the shoe arrows and start walking down the street.

在鞋子箭头的指引下，
我们来到了一个地方，
那儿有一群鞋子，
顺着同一个方向咕噜咕噜转圈儿。
仿佛是一个鞋子水族馆。

After following the shoe arrows, you will see
a lot of shoes spinning around and around
in the same direction.
It is like a shoe aquarium.

试着怀疑

有的东西看上去硬，有的东西看上去软，很可能都是我们的错觉，而实际上并非如此。一尊立体的站立着的花瓶，实际上很可能是用薄薄的纸片做出来的。

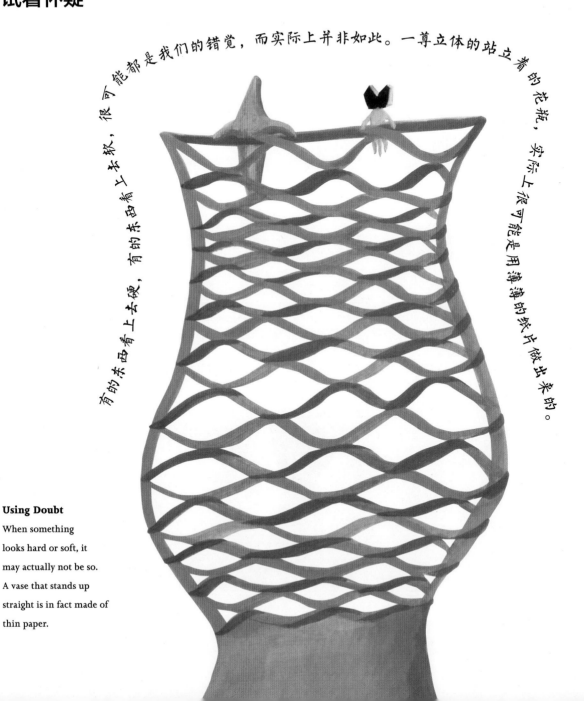

Using Doubt

When something looks hard or soft, it may actually not be so. A vase that stands up straight is in fact made of thin paper.

A paper hook shaped like tape is stronger than it looks.

Sit carefully on top of these eggs,
and you will find that it is a soft floor cushion.

Here are cushions that look like concrete blocks.
Stack them up and they become a soft couch.

Forget the ordinary images, start touching things in the city,
and you may make some new discoveries.

这个像胶带一样的纸拉钩

比看上去结实，

居然能挂住东西。

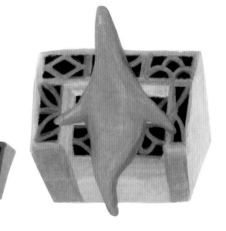

战战兢兢地往鸡蛋上一坐，

却发现这其实是软软的地板坐垫嘛。

这里有一些看似混凝土砖块的垫子，

把它们叠加起来，

可以搭出一个柔软的沙发。

让我们忘记脑海中的成见，

去触碰城市中的物体，

或许会有意想不到的新发现。

A long long table on a hill of grass.
A bench on one side, a roof on the other.
Everyone gathers and uses it as they like.

长长的桌子，

横亘在绿色的草坪上，

一头是长凳，

另一头是屋顶。

大家聚集在桌子边，

按照自己的想法使用这张桌子。

Enlarging Furniture

Build a table bigger than usual, and you will find
a space to stay underneath.
The table top is like a roof, and the big table is like a building.
Maybe there is not such a big difference
between a "table" and a "building" after all.

巨大化的家具

打造一张比普通桌子大很多很多的桌子，

足可以让人待在桌子下面。

桌面好像屋顶，

大大的桌子就跟建筑物一样。

"桌子"与"建筑物"之间，

似乎并没有那么大的差别。

13

家具积木

建一栋房屋，我们通常先建地面和墙壁，
房子是由地板、墙壁等组成的，
然后在里面放上家具，
分出客厅、卧室等各种房间。
那么，假如只用家具的话，
能不能造出一个房子呢？

Furniture Blocks

When building a house, we usually start
from the floors and walls,
then we arrange the furniture for rooms
such as the living rooms and bedrooms.
Would it be possible to make a house with just furniture?

让我们收集一些家具，把它们像搭积木一样搭起来。

我们可以把桌子当地板，把书架当梯子，

把椅子当成房顶，

这样，只用家具我们就搭出了一个三层的房子。

登上桌子，爬上书架做的梯子，

就能来到最高层，

这里视野可真好啊。

Gather various pieces of furniture
and stack them up like building blocks.
Use a table as the floor, a book shelf
as a ladder, and a chair as the roof.
These become a three-story building
made of just furniture.
Step on the desk, climb up the ladder
of the book shelf and
you will be on the top floor with a good view.

重新画线

每天，我们都会看到各种白线。比如各种运动场上的标线，还有马路、停车场、列车站台上的标线，等等。这些白线，如果随意擦去或者更改哪怕只是一条，都会让大家陷入麻烦。

不过，一点小小的恶作剧，或许能让一项体育运动产生一些新的规则，或许也有可能让过马路变得更加愉快。

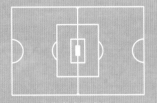

绕进式足球场

同方向进

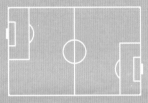

对角式足球场

界线不

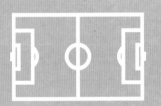

界线难以判定的足球场

中心对称

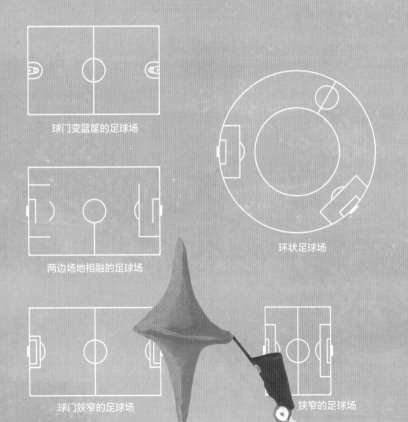

球门变篮筐的足球场

两边场地相融的足球场

环状足球场

球门狭窄的足球场

狭窄的足球场

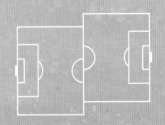

错位的足球场

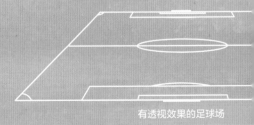

有透视效果的足球场

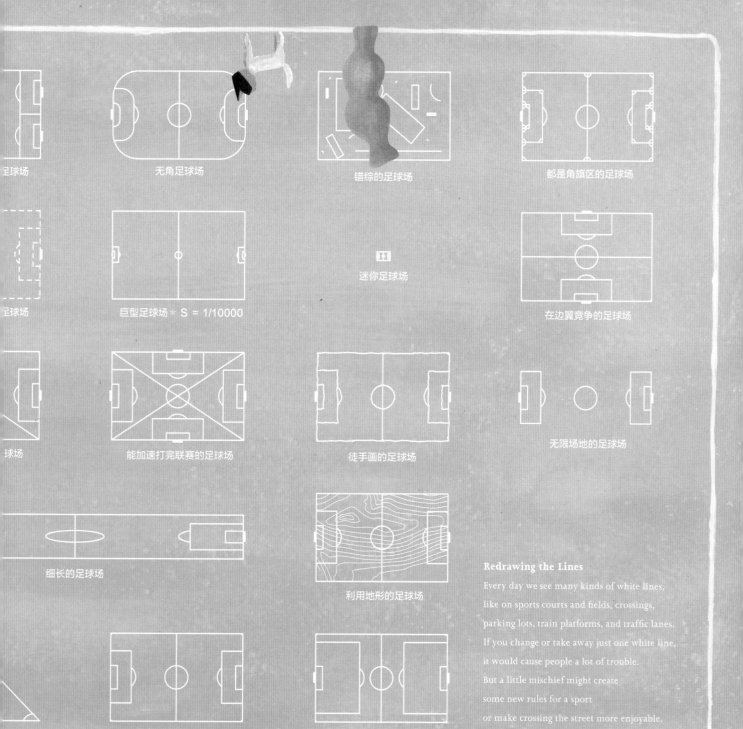

足球场

无角足球场

错综的足球场

都是角旗区的足球场

足球场

巨型足球场 ＊ S = 1/10000

迷你足球场

在边翼竞争的足球场

球场

能加速打完联赛的足球场

徒手画的足球场

无限场地的足球场

细长的足球场

利用地形的足球场

Redrawing the Lines

Every day we see many kinds of white lines,

like on sports courts and fields, crossings,

parking lots, train platforms, and traffic lanes.

If you change or take away just one white line,

it would cause people a lot of trouble.

But a little mischief might create

some new rules for a sport

or make crossing the street more enjoyable.

没有球门的足球场

难以守门的足球场

Round Rooms and Round Gardens

Join up rooms that are blown up with air.

These round rooms are loosely connected,

so you can choose which room you like to be in.

The space outside the rooms forms an area like a garden.

圆圆的房间与
圆圆的庭院

这里有一些充了气似的圆鼓鼓的房间，

房间与房间松散地连在一起，

我们可以根据自己的喜好

选择住进哪一个房间。

房间外面有一些地，我们可以把这当成庭院。

18

现在，让我们换一个角度，

把庭院看成房间，

这样一来，圆鼓鼓的房间

便成了圆鼓鼓的庭院。

住在这里的人也许更喜欢室外，

在室外吃饭、读书，

甚至是睡觉。

Now let's turn that garden into a room.

The round rooms are now round gardens.

The person who lives here might like the outdoors,

and prefer the outdoors for eating , reading and even sleeping.

19

城市中的环形赛道

城市中的道路纵横交错、非常复杂。

让我们试着在道路上,

为慢跑的人增加一些道路指引标记,

或跑步后可以淋浴的设施等。

这样一来,在复杂的街道网中,

出现了一个为跑步而生的环形赛道。

Circuit in the City

City streets are complicated and tangled.
Let's try adding some items for joggers—
street signs, road markings, or a place to
take a shower.
Suddenly a jogging route comes up from
within the tangled city streets.

大家的墙壁

建筑物的墙壁有各种类型。

有凹凸不平的墙壁，有粗糙的墙壁，

有光滑的墙壁，有砖砌的墙壁……

今天我们发现了一面墙，它上面开了一些沟槽。

让我们一起来看看这些沟槽能做什么。

Everyone's Wall

There are various kinds of walls in buildings.

Bumpy walls, rough walls, smooth walls, brick walls...

Today we found a grooved wall.

Let's try a little trick on these grooves and see what happens.

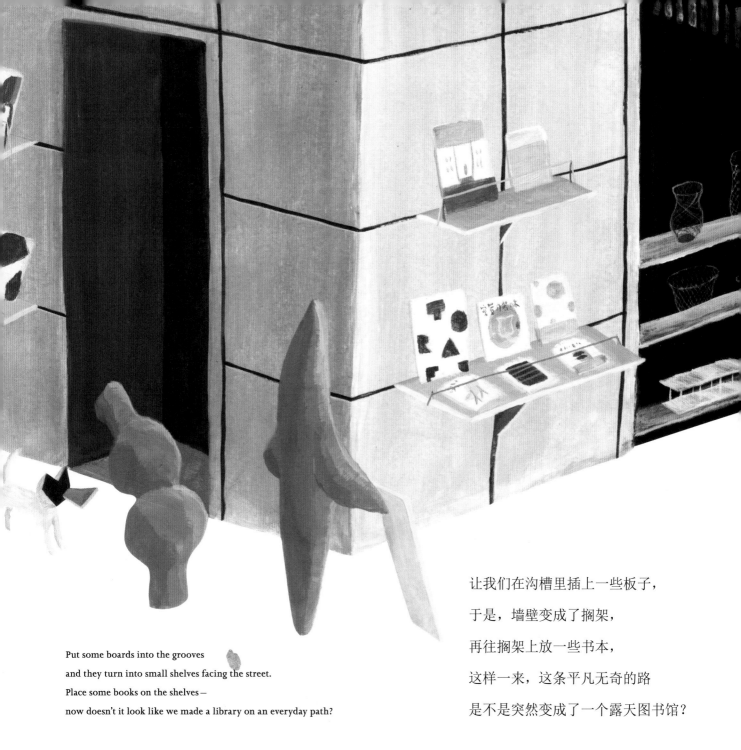

Put some boards into the grooves
and they turn into small shelves facing street.
Place some books on the shelves —
now doesn't it look like we made a library on an everyday path?

让我们在沟槽里插上一些板子，

于是，墙壁变成了搁架，

再往搁架上放一些书本，

这样一来，这条平凡无奇的路

是不是突然变成了一个露天图书馆？

23

里外翻转的城市

我们的工作室在一个叫"不动前"的地方。

那里有很多坡道，复杂地交织在一起。

过去，路上行驶着电车。

现在，电车的轨道都被修整成了人行道，

人们可以在上面行走。

以前，房子都是背对着电车线路的，

如今，房子的背面变成了正面，对着道路。

电车轨道变成人行道以后，

在上面走的人渐渐多了起来，

于是，我们布置了特殊的机关，

大家都可以来使用。

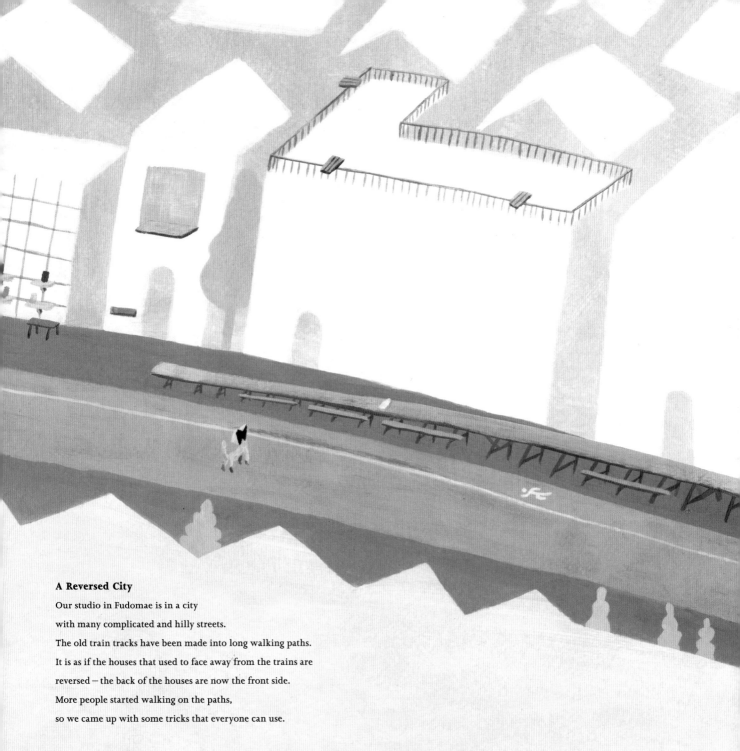

A Reversed City

Our studio in Fudomae is in a city

with many complicated and hilly streets.

The old train tracks have been made into long walking paths.

It is as if the houses that used to face away from the trains are

reversed — the back of the houses are now the front side.

More people started walking on the paths,

so we came up with some tricks that everyone can use.

25

路边客厅

请在这个里外翻转的城市里走一走吧。

这里有一座房子，打开大大的窗户，

再把房间里的地板推到外面的街道上

——一个大大的休闲露台诞生了。

在这里，还有许多类似的想法，

室外似乎成了室内，

成了"大家的客厅"。

Street Living Room

Take a walk through the Reversed City.

Open the big window of a house and slide out the floor

toward the big street — it becomes a terrace.

When we create several places like that, they begin to form

"Everyone's Living Room", where the outside is used like the inside.

"Small City Planning" is about preparing small tricks
for creating new relationships with the city.
If we put many of such tricks together,
the same old city will
start to look like a more exciting place.

"小小城市规划"通过使用一些小机关，
来创造人与城市的新的关系。
城市里如果有许多这样的小机关，
一定能变得比往常更加有趣。

模板墙
[克拉斯卡酒店模板墙]

这是一个装饰酒店客房的项目。
酒店用品和自己携带的行李，
可以像玩拼图一样放进相应形状的凹槽里。

A Template Wall
(TEMPLATE IN CLASKA)
An interior design project for a hotel room.
From hotel amenities to guests' belongings,
you can put everything in order like a puzzle —
each object has its matching hole.

鞋子水族馆
[NIKE 1LOVE]

这是一个装饰鞋子专卖店的项目。
这些鞋子看上去既像箭头，又像小鱼，
让人对它们更加喜爱了。

Shoe Aquarium
(NIKE 1LOVE)
An interior design project for a specialty shoe shop.
If you think shoes are like arrows or fish,
you will like them more.

试着怀疑
[空气花瓶]

一张薄薄的正反面颜色不同的纸，
经过细致的雕镂，再将它展开，
就变成了一个立体的器皿，
随着观看角度的变化呈现不同的表情。

Using Doubt
(airvase)
A thin piece of paper with different colors on each side.
When you make small cuts and pull on it,
it becomes a three-dimensional vase
that changes its expression on every angle.
URL:http://www.kaminokousakujo.jp/

巨大化的家具
[格列佛桌子]

这是一张摆放在倾斜的草坡上、
足足有 50 米长的桌子。
桌面是水平的，
但是，从这一端到那一端与地面的距离是逐渐变化的。

Enlarging Furniture
(Gulliver Table)
A 50 meter long table placed on a grassy hill.
The table is flat but can be used for various purposes
as the distances to the ground change along the hill.

家具积木
[大冈山住宅]

这个房子仿佛是用巨大的家具堆出来的。
这头的地板到了那头就成了桌子。
飘窗也可以当成长凳使用。

Furniture Blocks
(HOUSE IN OOKAYAMA)
A house that looks like it is made by
stacking up big furniture.
The floor extends to become a table,
and a bay window also can be used
as a bench.

家具积木
[克洛洛写字台 / 克洛洛凳]

这张写字台仿佛一个小小的房间。
内部有照明，放着绿植，
开着一扇小窗，还有一些其他小物件。
你可以把这里当成自己专属的一方小天地。

Furniture Blocks
(koloro-desk/koloro-stool)
This is a desk which looks like a small room.
You can turn on the light, place pot plants,
push open the windows and put small objects there to create your own space.
URL: http://www.ichirodesign.jp/

圆圆的房间与圆圆的庭院
[Y150 尼桑展厅]

在一个大空间里装满大大小小的气球。
人们在气球间狭窄的缝隙里穿行。

Round Rooms and Round Gardens
(Y150 NISSAN PAVILION)
A large space filled with big and small balloons.
People walk through the narrow spaces between these balloons.

城市中的赛道
[au 智慧体育跑步场地]

这是一处可以为慢跑的人提供更衣、沐浴场所的设施。
以这里为起点，整个城市都可以被视作一个大型跑道。

Circuit in the City
(Run Pit by au Smart Sports)
A facility for joggers where they can change clothes
and take showers. The whole city will look like
a jogging course starting from this facility.

大家的墙壁
[南洋堂书架]

在墙壁上插几块板，就是一个书架。
一条平凡无奇的步道于是变成了过往行人的图书馆。

Everyone's Wall
(NANYODO SHELF)
A handy bookshelf made by putting boards into the walls.
An ordinary path now looks like a library for everyone.

对话铃野浩一、秃真哉

田中元子

孩子的力量，建筑师的力量

城市规划是什么？

该绘本的题目中有一个词叫"城市规划"，大家之前听说过这个词吗？这个词通常指的是安排、配置整个城市中的住宅、商业和工业区域，以及道路和绿化等。日本平安时期的平城京和平安京，被规划成了棋盘式道路的格局，这就是古代的城市规划。如果城下町都变成棋盘式的，那么历史或许也会因此改变。全世界都在开展这样的城市规划与实践行动，每个城市都在各自独立的规划下展现出独特的风貌。

特拉福工作室有城市规划的专家，不过他们也做很多建筑设计、室内设计和家具设计的工作。那么，为什么这本书要选择"城市规划"作为题目呢？这是因为，他们无论在做哪种设计的时候，都会充分考虑物体与周边环境的关系，这从某种意义上而言，就是一种小范围的城市规划。同时，我们头脑中发生的另一种"城市规划"，也成为了他们的关注对象。

现实在哪里？

大家有没有玩过这样的游戏？在城市的某个角落把某件宝贝藏起来，将它变成只有自己知道的秘密。或者与好伙伴模仿电视上的超级英雄的动作。或者在骑自行车的时候，突然把自己想象成一个赛车手，想要与人一争高下。在这些时刻，城市突然变成了一个宝藏之岛，变成了英雄大显身手的舞台，变成了赛道。自身视角的改变，令寻常的风景突然展现出别样的精彩。这是一种无名的游戏。在这样的时刻，我们头脑中的世界，与眼前所见的世界，究竟哪一个才是现实？根据城市规划建造的城市是看得见的世界，而观察和使用物体的方式是我们自身头脑中的世界。即便有一天我们长大了，不再像儿时般爱幻想，对我们而言，眼前的世界与头脑中的世界交错之际的那个现实的瞬间，也会一直存在。

一个小小的契机，一个瞬间的体验，都会令世界发生改变。特拉福的设计，就是想让世界变得更有趣。能改变世界的时刻，是不是只有极偶然的时候才会发生呢？并不是的。特拉福根据自己的实际经验得出了这个结论。

特拉福工作室是由两位建筑师组成的。他们的工作不仅限于建筑，他们也将"建筑"的思维方式彻底地贯彻于其他工作中，轻松地游走于各个领域。因此，他们打造出的作品，从小的物件到大的建筑，都能令人感到一种与朋友相处的乐趣，以及诗的深度。

联结想象与现实

特拉福创立初期，参与了克拉斯卡酒店的室内设计项目。他们在房间的墙壁上，开凿出了手提包、灯具、咖啡杯等各种小物件形状的凹槽。理由之一是他们想"改变建筑物与小物件的主从关系。于是在做室内设计的时候，以小物件为中心进行考虑"。另外，房间比较小，所以需要集中紧凑的收纳空间，这也是他们在墙壁上开槽的理由之一。而之所以把凹槽做成物品的形状，也是因为有过试错的经验。"最初也想过做成简单的方形，但是做成物品的形状，不仅看上去更有趣，也更能让人明白哪里放什么东西。这样也可以增加住客对酒店的喜爱之情。"他们把这些凹槽叫作"物件的家"，充满了童趣，却蕴含了非常深层的思考。每一件物品，都有属于它的家，于是，住在房间里的人与房间里的物品、物品与空间、空间与人的关系或许也会因此变得丰富起来。而建筑为主角，室内设计和室内物品为配角的关系或许也会瓦解。各自的存在价值也会全然改变。特拉福坚定的实验心态起到了推动作用。结果，这一创意得到采用，不仅酒店的室内设计收获了高度好评，还令特拉福也得到了来自全世界的关注。或许在这时，二人获得了这样的感悟："淳朴的想法要以淳朴的形态去呈现。"孩童时脑海中浮现的好玩的世界与眼前的现实世界，或许我们并不需要将它们割裂开来。

建筑魔法

设计别人要使用的东西，是一件需要勇气的事。你自己觉得有趣的创意，他人或许会觉得奇怪，所以必须仔细考虑。但是，如果你总是担心别人的指责，而只做一些四平八稳的东西，那么，你做出来的东西也不会令任何人兴奋。人要有魅力也是同样的道理。只要这件东西真的有意义，那么即便有点令人诧异也没有关系。从而诞生的令心绪沸腾的东西、令人想要一探究竟的东西，从而开启的新感觉，会令世界为之一变。去触发这种小小的变革，才是我们自身应该起到的作用，才是我们身上蕴藏的可能性，不是吗？特拉福通过客房墙壁上形态各异的凹槽设计，抓住了自己本应有的姿态。在这之后，他们又做了好些设计，这些设计就如同从图画书中蹦出来一般奇妙。像游动的鱼群般的鞋子展示架，能捕捉空气的器皿，长得不可思议从矮变高的桌子，用巨大的家具堆出来的住宅……充满了孩童天真游戏的心态。然而从两位设计师对一系列作品平静却热切的言谈中，我们又能体会出一种柔韧的坚持。

建筑师的工作或许本来就是这样的。将空无一物之处，用某种形式空间抓取、凸显出来，变成令人印象深刻的地方，让人们重新注意到，有些司空见惯的东西原来是如此美好。不通过这种方式，你可能永远不会注意到它。这一个个努力便构成了小小的变革。从我们习以为常的周遭的环境中，捕捉出美、快乐与不可思议，这就是"建筑设计"这一行为所施展的小小的魔法。

开始吧！小小城市规划

通常的"城市规划"与本书中描绘的"小小城市规划"有相通的地方，那就是思考城市究竟应该是怎么样的。或许二者并没有太大的差别，都是试图描绘出丰富的城市。然而，所谓的丰富是什么，则会根据时代的变化而变化。

来吧，让我们开始着手下一个"小小城市规划"。如今这现有的一切当中，一定藏着某样东西，会因为你观察角度的改变而变得迥然不同。

铃野浩一（KOICHI SUZUNO）

1973 年出生于日本神奈川县。1996 年毕业于东京理科大学工学部建筑学科。1998 年完成横滨国立大学研究生院硕士学业。1998—2001 年就职于腔棘鱼 K&H 建筑设计公司。2002—2003 年就职于克斯汀·汤普森建筑师事务所（墨尔本）。2004 年起与秃真哉共同创立并主持特拉福（Torafu）建筑设计事务所。

秃真哉（SHINYA KAMURO）

1974 年出生于岛根县。1997 年毕业于明治大学理工学部建筑学科。1999 年完成同大学研究生院硕士学业。2000—2003 年就职于青木淳建筑规划事务所。2004 年起与铃野浩一共同创立并主持特拉福（Torafu）建筑设计事务所。
作品"光之织机／佳能米兰国际家具展 2011"凭借在展会上的优异表现获得了最佳设计奖。著作有《空气之器》《特拉福建筑师 2004—2011 特拉福建筑设计事务所的创意与进程》（均为美术出版社出版）

田中元子（MOTOKO TANAKA）

撰稿人、创意活动促进者。1975 年生于日本茨城县。自学建筑设计。1999 年，作为主创之一，策划同润会青山公寓再生项目"Do+project"。该建筑位于东京表参道。2004 年与人合作创立"mosaki"，从事建筑相关书刊的制作，以及相关活动的策划。工作之余开设"建筑之形的身体表达"工作坊，提倡边运动身体边学习建筑，并将相关活动整理出版为《建筑体操》一书（合著，由 X-Knowledge 出版社 2011 年出版）。2013 年，获得日本建筑学会教育奖（教育贡献）。在杂志《Mrs.》上发表连载文章《妻女眼中的建筑师实验住宅》(2009 年至今，文化出版局出版）等。http://mosaki.com/

后 记

通过"城市规划",我们可以划定居住用地、工业用地的范围,并通过道路将这些地方连接起来,从宏观上描绘出城市的样子。

但是我们在这本书中提到的,是物件、家具等非常小的规划。

"小小城市规划"是以物件、家具等身边的环境为思考的起点,通过缩小观察的尺度来重新审视城市的一种实践。

这种小小的实践不断累积,或许就能为城市这一更大的对象,增加一些乐趣和令人亲近的元素。

因意识与视角的变化而显现出来的城市的另一面,因以物件和家具为中心思考而产生的人的行为的变化,从人的行为出发进行构想的场所的建造方法与城市的构造,创造与城市的结合点⋯⋯

在这本书中,我们以这种创造性的方法来渐进式地走进城市。

假如我们更新一下与自己所在的城市接触的方法,日常生活或许就会发生改变。我们是用这个思路开始写这本书的。我们想让大家认识到,在日常之外,城市还有意想不到的另一面。

刚从真壁智治老师那儿接到写稿的邀请时,我们都不知道写些什么。

然而,经过与真壁老师的反复讨论,我们逐渐清楚了自己真正想传达的东西是什么,怎样才能让孩子们明白我们想传达的东西,书稿的雏形也就渐渐明晰起来。

山口洋佑老师的绘画，为我们的建筑和室内设计作品赋予了不可思议的世界观。

此外，担任编辑的大西正纪老师、撰写解说的田中元子老师、负责英语翻译的川又胜利老师和负责装帧设计的冈本健＋老师，为书的构想赋予了形式。

感谢委托我们设计项目的人、帮我们建造项目的人，以及一直与我们一起奋斗的事务所的同人，没有他们，书中提到的这些项目都无法实现。

这本书也是在团队合作中才能完成。

感谢。

铃野浩一　秃真哉

2012 年 3 月

北京市版权局著作权合同登记号　图字：01–2018–3289

トラフの小さな都市計画 / TORAFU's Small City Planning
著者：鈴野浩一、禿真哉［トラフ建築設計事務所］
絵：山口洋佑
プロジェクト・ディレクター：真壁智治
解説・建築家紹介：田中元子［mosaki］
写真クレジット　阿野太一：P.28「テンプレート イン クラスカ」、「NIKE 1LOVE」、p.29「大岡山の住宅」、p.30「Y150 NISSAN パビリオン」、「Run Pit by au Smart Sports」、冨田里美：p.28「空気の器」、吉次史成：p.29「ガリバーテーブル」、p.30「NANYODO SHELF」、伊藤彰浩：p.29「コロロデスク / コロロスツール」

版权所有，侵权必究。侵权举报电话：010-62782989 13701121933

图书在版编目（CIP）数据

小小城市规划 /（日）铃野浩一，（日）秃真哉著；一文译. —北京：清华大学出版社，2019
（吃饭睡觉居住的地方：家的故事）
ISBN 978-7-302-53272-9

Ⅰ.①小… Ⅱ.①铃… ②秃… ③一… Ⅲ.①住宅 – 建筑设计 – 青少年读物 Ⅳ.①TU241-49

中国版本图书馆CIP数据核字（2019）第138283号

责任编辑：冯　乐
装帧设计：谢晓翠
责任校对：王荣静
责任印制：杨　艳

出版发行：清华大学出版社
　　　　　网　　址：http://www.tup.com.cn,　　　http://www.wqbook.com
　　　　　地　　址：北京清华大学学研大厦A座　　邮　编：100084
　　　　　社总机：010-62770175　　　　　　邮　购：010-62786544
　　　　　投稿与读者服务：010-62776969, c-service@tup.tsinghua.edu.cn
　　　　　质量反馈：010-62772015, zhiliang@tup.tsinghua.edu.cn
印装者：小森印刷（北京）有限公司
经　销：全国新华书店
开　本：210mm×210mm　　　印　张：2　　　字　数：43千字
版　次：2019年10月第1版　　印　次：2019年10月第1次印刷
定　价：59.00元

产品编号：069966-01